Bibliografische Information der Deutschen Nationalbibliothek:

Die Deutsche Bibliothek verzeichnet diese Publikation in der Deutschen Nationalbibliografie; detaillierte bibliografische Daten sind im Internet über http://dnb.d-nb.de/ abrufbar.

Impressum:

Druck und Bindung: Books on Demand GmbH, Norderstedt Germany
ISBN: 9783640662050

Dieses Buch bei GRIN:

http://www.grin.com/de/e-book/153747/der-oktaederfuenfling-genese-und-bau-eines-polyeders-und-einsatzmoeglichkeiten

Rolf Binder

Der Oktaederfünfling - Genese und Bau eines Polyeders und Einsatzmöglichkeiten in der Grundschule

GRIN Verlag

Pädagogische Hochschule Karlsruhe

Fach Mathematik

Wissenschaftliche Hausarbeit zum Thema

DER OKTAEDERFÜNFLING – GENESE UND BAU EINES POLYEDERS UND EINSATZMÖGLICHKEITEN IN DER GRUNDSCHULE

Vorgelegt von: Rolf Binder

Inhaltsverzeichnis

Abbildungsverzeichnis

Einleitung

Ich habe im letzten Semester erfahren, dass im Tagesfachpraktikum Mathematik bei Prof. Dr. Maier Polyeder mit Hilfe von PVC-Folien hergestellt werden. Als ich dann den Tetraederfünfling einer früheren Hausarbeit entdeckt habe, wurde mein Interesse geweckt. Da ich mich sehr gern mit Geometrie befasse und auch die Herstellung solcher Körper spannend finde, entschied ich mich in diesem Bereich meine wissenschaftliche Hausarbeit zu schreiben.

Prof. Dr. Maier war gerne bereit, mich bei meiner Arbeit zu betreuen. Die Wahl des richtigen Polyeders war nicht einfach. Prof. Dr. Maier schlug vor, einen Teil einer geodätischen Kuppel anzufertigen. Davon war ich nicht besonders begeistert, da ich gerne einen geschlossenen Polyeder anfertigen wollte. Deshalb fiel meine Entscheidung nach einigen Überlegungen auf den Oktaederfünfling, da mich seine äußere Form fasziniert und ich mehr über diesen Polyeder erfahren wollte.

Im ersten Kapitel wird zunächst die Gruppe der Polyeder beschrieben und anschließend die Platonischen Körper etwas ausführlicher aufgeführt, da sie für diese Arbeit eine wichtige Rolle einnehmen. Schließlich folgt ein Unterkapitel über den Oktaederfünfling, in welchem ich seinen Aufbau darstelle und Verwandte aufzeige. Das zweite Kapitel handelt vom eigentlichen Bau des Oktaederfünflings. Hier sind Vorüberlegungen, die Dokumentation der verschiedenen Bauphasen und eine kritische Betrachtung dargestellt. Danach werden die Einsatzmöglichkeiten in der Schule vorgestellt, welche eine wichtige Rolle spielen. Meine Vorstellungen zur Umsetzung dieses Projekts in der Primarstufe werden im dritten Kapitel festgehalten.

1 Genese des Oktaederfünflings

Die Entwicklung oder Entstehung des Oktaederfünflings wird mit dem Wort Genese beschrieben. Zur besseren Einordnung des Körpers, werden zunächst in den Kapiteln 1.1 und 1.2 die Klasse der Polyeder und die Platonischen Körper im Speziellen beschrieben. Des Weiteren werde ich in Kapitel 1.3 die Nachvollziehbarkeit der Entstehungsgeschichte dieses Körpers aufzeigen.

1.1 Polyeder

Der Begriff Polyeder bezeichnet direkt übersetzt Vielflächner. Dahinter verbirgt sich eine Vielzahl von geometrischen Körpern. Maier (2003) definiert, „ein Polyeder (...) [als] eine *einfache* Struktur aus *endlich* vielen Flächen, wobei die Struktur *geschlossen* ist und alle Flächen *zusammenhängend* sind“ (Maier, 2003, S. 15).

Die hervorgehobenen Begriffe dieser Definition und einige weitere Eigenschaften von Polyedern werden in folgendem Unterkapitel näher beschrieben.

1.1.1 Eigenschaften von Polyedern

Ein Polyeder wird von *endlich* vielen Flächen begrenzt. Die Anzahl ist also beschränkt und unendliche Polyeder sind somit ausgeschlossen (vgl. Maier, 2003, S. 15).

Die *Geschlossenheit* des Körpers ist eine weitere Forderung. Dies bedeutet, „jede Seite von jeder Fläche fällt mit genau einer Seite einer weiteren Fläche zusammen“ (Maier, 2003, S. 15). Es wird also nur von Polyedern gesprochen, wenn immer genau zwei Seiten verschiedener Flächen an einer Kante zusammentreffen. Besitzt der Körper mehr oder weniger Seiten handelt es sich um andere Strukturen. Eine offene Pyramide ist beispielsweise kein Polyeder, da auf einige Seiten der Flächen keine weiteren treffen.

Des Weiteren müssen alle Flächen des Polyeders *zusammenhängend* sein. Die Flächen eines Körpers bilden demnach eine zusammenhängende Kette, bei der „benachbarte Flächen sich jeweils mit einer Seite berühren“ (Maier, 2003, S. 15). Der Begriff „*einfach* bedeutet: Wenn *n* Flächen sich in einer Ecke treffen, kann man von jeder Fläche über die anderen *n*-1 Flächen zu jeder anderen der *n* Flächen wandern, ohne die Ecke zu passieren“ (Maier, 2003, S. 16). An der *Kante* eines Polyeders fallen zwei Seiten von zwei, nicht in einer Ebene liegenden, Flächen zusammen (vgl. Maier, 2003, S. 15).

Es treffen n Kanten an den *Körperecken* in einem Punkt aufeinander. Ein *Flächenwinkel* wird von zwei benachbarten Flächen eingeschlossen, welcher im Inneren des Vielflächners liegt (vgl. Maier, 2003, S. 15). Polyeder können in *konvex* und *nicht konvex* eingeteilt werden. Wenn die Verbindungsstrecke zweier beliebiger Punkte nur Punkte aus dem Innern des Körpers enthält, ist ein Polyeder konvex (vgl. Gottwald, 1995). „Bei konvexen Polyedern haben die Flächen keine einspringenden Ecken und die Körperecken keine einspringenden Kanten – jeder Winkel und jeder Flächenwinkel ist kleiner als 180°“ (Maier, 2003, S. 17).

1.1.2 Arten von Polyedern

Es gibt verschiedene Arten von Polyedern. Die *Platonischen Körper* sind vermutlich die bekanntesten und regelmäßigsten unter ihnen. Da sie eine wichtige Rolle bei der Entstehung des Oktaederfünflings spielen, werden sie im Kapitel 1.2 ausführlicher dargestellt.

Bei den *Archimedischen Körpern* handelt es sich um konvexe Polyeder, welche von regulären Vielecken verschiedener Typen begrenzt werden. Sie „entstanden aus je zwei oder drei verschiedenen einfachen Formen [und] gelten als *halbregelmässige* [sic] Körper“ (Adam/Wyss, 1994, S. 49). Archimedische Körper weisen neben der Eigenschaft aus regulären Vielecken zu bestehen, zusätzlich einheitliche Kantenlängen auf (vgl. Adam/Wyss, 1994, S. 49). Es gibt neben den fünf Platonischen Körpern nur insgesamt dreizehn Polyeder als Sonderform der Archimedischen Körper, welche diese Bedingungen erfüllen. Davon werden zehn aus zwei verschiedenen Polygonen gebildet, das sind: Tetraederstumpf, Würfelstumpf, Kuboktaeder, Oktaederstumpf, Rhombenkuboktaeder, Kubus simus, Dodekaederstumpf, Ikosidodekaeder, Ikosaederstumpf und Dodecaedron simum. Drei weitere Körper werden von drei unterschiedlichen Polygonen begrenzt, das sind: Kuboktaederstumpf, Rhombenikosidodekaeder und Ikosidodekaeder-stumpf (vgl. Adam/Wyss, 1994, S. 75).

Die von Norman W. Johnson zusammenstellten Körper werden als Johnson solids bezeichnet. Es handelt sich dabei um konvexe Polyeder, die von regulären Flächen begrenzt sind. Diese folgen aber nicht so strengen Bedingungen, wie die

Platonischen Körper oder die Archimedischen Körper. Die Seiten dürfen von mehreren verschiedenen Sorten regelmäßiger Vielecke gebildet werden und die Ecken müssen nicht mehr kongruent sein (vgl. Pöppe, 2003, S. 1). Somit können Platonische und Archimedische Körper als Spezialfälle der Johnson solids betrachtet werden. Neben diesen Spezialfällen hat Johnson noch 92 weitere Körper gefunden. Den Beweis für die Vollständigkeit dieser Liste erbrachte ein Russe namens Zalgaller (vgl. Pöppe, 2003, S. 3).

Zudem existieren nicht konvexe Körper, welche *sternartige Polyeder* genannt werden. Von diesen Polyedern gibt es vier regelmäßige, die als Poinsots Sternkörper bekannt sind. Sie werden wie die Platonischen Körper ausschließlich von einer Art Vielecke begrenzt und sind sozusagen die nicht konvexe Erweiterung der Platonischen Körper. In Bindel (1964) werden die fünf Platonischen Körper zusammen mit den vier Poinsots Sternkörpern als „Neunergruppe der regelmäßigen Körper" (Bindel, 1964, S. 51) benannt. Diese Sternkörper werden im Einzelnen wie folgt bezeichnet: Dodekaederstern oder kleines Sterndodekaeder, Ikosaederstern oder großes Sterndodekaeder, Vielflächner aus zwölf Fünfecken oder großes Dodekaeder, Vielflächner aus 20 Dreiecken oder großes Ikosaeder (vgl. Adam/Wyss, 1994, S. 84 ff.). Die ersten beiden Sternkörper wurden bereits von Johannes Kepler (1571-1630) in seinem Werk ‚Harmonices mundi' (Weltharmonik, 1971) beschrieben und abgebildet (vgl. Adam/Wyss, 1994, S. 84). „Nach den vorhandenen Unterlagen [ist es] als sicher anzunehmen, daß [sic] Poinsot seine Entdeckung ohne Kenntnis der Leistung Keplers gemacht hat" (Bindel, 1964, S. 51). Der Bindelstern und der Baravellestern sind weitere sternförmige, jedoch nicht regelmäßige Gebilde (vgl. Adam/Wyss, 1994, S. 87 ff.).

1.2 Platonische Körper

Die Platonischen Körper werden von den einfachsten Flächenformen begrenzt. Diese sind das gleichseitige Dreieck, das Quadrat und das regelmäßige Fünfeck. Deshalb sind die Platonischen Körper auch die regelmäßigsten Polyeder, die gebildet werden können. In jedem Körper darf nur eine Art von Flächen vorkommen und die Ecken müssen jeweils kongruent sein. In den Ecken treffen deshalb gleich viele Kanten und Flächen aufeinander. Ein weiteres Merkmal dieser Körper ist, dass alle Kanten gleich lang sind (vgl. Adam/Wyss, 1994, S. 31 und Maier, 2003, S. 144).

„Jeder der fünf Platonischen Körper lässt sich in jeden anderen einschreiben, nur nicht in seine eigene Form, ausgenommen das Tetraeder“ (Adam/Wyss, 1994, S. 34). Durch das Prinzip der Dualität bilden Würfel und Oktaeder ein Paar, sowie Dodekaeder und Ikosaeder. Diese Körper gehen durch Vertauschen der Flächen- und Eckenzahlen jeweils ineinander über. Nur das Tetraeder hat sich selbst zum Partner und „bleibt bei diesem Vorgang in sich bestehen“ (Bindel, 1964, S. 31). Deshalb sagt man auch, dass die fünf regulären Polyeder in gegenseitiger Beziehung zueinander stehen.

Es können jedem Platonischen Körper drei Kugeln zugeordnet werden. Zum ersten die Umkugel, sie umhüllt den Körper und berührt all seine Ecken. Zum zweiten die Inkugel, sie ist dem Körper einbeschrieben und berührt die Flächen in ihren Mittelpunkten. Zum dritten die Kantenkugel, sie liegt zwischen Umkugel und Inkugel und berührt alle Kanten in ihren Mitten (vgl. Adam/Wyss, 1994, S. 31). Des Weiteren fallen „die Mittelpunkte all dieser Kugeln [...] mit dem Mittelpunkt des Körpers zusammen“ (Miyazaki, 1987, S. 6).

Pythagoras (580-500 v.Chr.) kannte schon zu seiner Zeit die Körper Würfel, Tetraeder und Dodekaeder. Doch erst Plato (427-374 v.Chr.) ordnete sie in seinem Dialog «Timaios» den «kosmischen Baubestandteilen der Welt» zu. Die Körper wurden den Elementen Feuer, Luft, Wasser, Erde und der «Himmelsmaterie» zugewiesen. Seitdem werden diese fünf Körper Kosmische oder auch Platonische Körper genannt (vgl. Adam/Wyss, 1994, S. 11).

Das Tetraeder

Das Tetraeder wird dem Element Feuer zugeordnet und „ist Bild für die alles durchdringende Strahlenkraft der Wärme“ (Adam/Wyss, 1994, S. 14). Außerdem ist das Feuer, wie das Tetraeder, das kleinste und leichteste Element. Es kann leicht übergreifen und alles zerstören (vgl. Miyazaki, 1987, S. 9). In Keplers Zeichnung lodert ein flammendes Feuer in den Flächen des Tetraeders auf (vgl. Adam/Wyss, 1994, S. 14). Das Tetraeder besteht aus vier gleichseitigen Dreiecken. Es hat die besondere Eigenschaft, dass jede Ecke gleich weit von jeder anderen entfernt ist. Die Ecken sind die spitzesten und stacheligsten aller Platonischen Körper, da sie durch je drei Flächenwinkel von 60°gebildet werden. Die Kanten sind wiederum die schärfsten, sie schließen einen kleinen Winkel von etwa 70°ein (vgl. Adam/Wyss, 1994, S. 14).

Für den Oktaederfünfling spielt das Tetraeder keine Rolle.

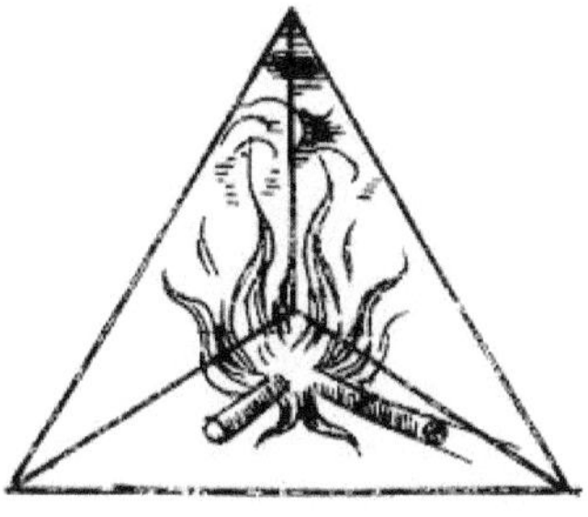

Abbildung 1: Das Tetraeder
(Bindel, 1964, S. 29)

Das Hexaeder

Das Hexaeder ist bekannter unter dem Namen Würfel und entspricht dem Element Erde. Als am stärksten ins Stoffliche verdichteter Körper ist er Bild für das Materielle. Er zeigt sich auch in unserer Natur immer wieder, beispielsweise in Häusern oder Wohnräumen (vgl. Adam/Wyss, 1994, S. 14). In Keplers Zeichnung ist der Würfel mit Symbolen des Ackerbaus versehen. Er wird aus sechs Quadraten gebildet und geradezu vom rechten Winkel beherrscht. Zudem basiert er auf einem Quadrat, dessen Mantelflächen senkrecht darauf stehen. „Seine acht Ecken werden von je drei Winkeln von 90°gebildet“. „Von jeder Ecke führen drei rechtwinklig zueinander stehende Kanten zu den Nachbarecken hin und schliessen [sic] so eine Raumecke ein“(Adam/Wyss, 1994, S. 14). Selbst zwei Flächen, die in einer Kante zusammentreffen umschließen einen Winkel von 90° (vgl. Adam/Wyss, 1994, S. 14).

Für diese Arbeit hat der Würfel ebenso wie das Tetraeder keine Bedeutung.

Abbildung 2: Das Hexaeder
(Bindel, 1964, S. 29)

Das Oktaeder

Plato ordnet diesem Körper das Element Luft zu. Der Körper steht, genauso wie das Element Luft oder Dampf, zwischen Feuer und Wasser bzw. Tetraeder und Ikosaeder. Er besteht ebenfalls aus gleichseitigen Dreiecken und die Anzahl der vorkommenden Flächen siedelt zwischen den beiden genannten Körpern an (vgl. Miyazaki, 1987, S. 9). In Keplers Zeichnung sieht man Vögel und leichte Wolken. Das Oktaeder ist von acht gleichseitigen Dreiecken umschlossen, wobei sich je vier in den sechs Ecken treffen. Zwei Flächen schließen einen Winkel von knapp 110°ein, wodurch die Kanten weniger starr als beim Würfel und weniger schnittig als beim Tetraeder wirken. Seine vierkantigen Ecken zeigen in die drei Raumesrichtungen nach oben und unten, nach rechts und nach links, nach vorne und nach hinten. Dadurch erscheint das Oktaeder wie ein Körper, der frei im Raum schwebt, allseitig verstrahlend und dem Gasförmigen vergleichbar (vgl. Adam/Wyss, 1994, S. 15).

Das Oktaeder ist der bedeutendste Polyeder für diese Arbeit, da der Oktaederfünfling, wie der Name bereits verrät, aus fünf solchen besteht.

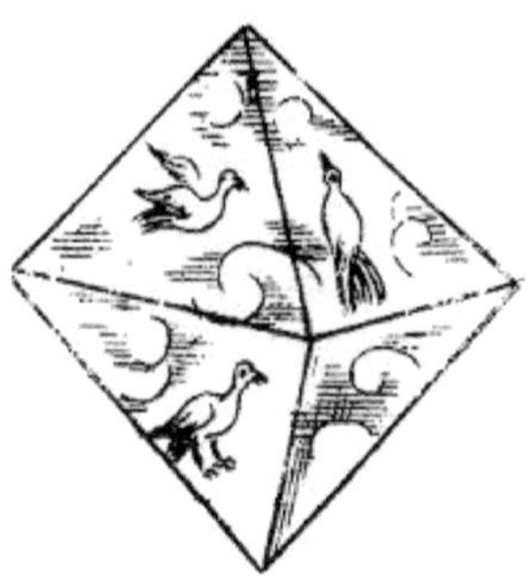

Abbildung 3: Das Oktaeder
(Bindel, 1964, S. 29)

Das Ikosaeder

Das Ikosaeder wird dem Element Wasser zugesprochen. Wasser ist das größte, glatteste und schwerste Element und in ständig weichem Fluss zum Erdengrund. Somit ist das Wasser groß und geschmeidig, weshalb ihm die Form des Ikosaeders zugeteilt wird (vgl. Miyazaki, 1987, S. 9). Wenn man das Ikosaeder mit frontaler Fläche projiziert, ist die Form von auskristallisierten Schneesternen zu erkennen. Es wird von einem regelmäßigen Sechseck umschlossen und „eine Ikosaederfläche mit dem gegenüberliegenden Dreieck zusammengeschaut, ergibt einen Sechsstern“ (Adam/Wyss, 1994, S. 15). Diese verborgene hexagonale Formtendenz zeigt sich auch im Schneekristall. Kepler hat in seinen Zeichnungen Fische, Wellen und Krebse in die Oberflächendreiecke eingefügt. Das Ikosaeder wird aus 20 gleichseitigen Dreiecken gebildet, von denen jeweils fünf in einer der zwölf Ecken zusammentreffen. Es besitzt 30 Kanten, welche die stumpfesten unter den Platonischen Körpern sind. Zwei Kanten umfassen einen Winkel von fast 140°. Das Ikosaeder hat also eine relativ runde Gestalt, die sich der Kugelform nähert (vgl. Adam/Wyss, 1994, S. 15).

Für den in dieser Arbeit betrachteten Oktaederfünfling bildet das Ikosaeder das äußere Gerüst. Es können genau fünf Oktaeder in einen Ikosaeder einbeschrieben werden, so dass alle 30 Ikosaederkanten im Mittelpunkt berührt werden. Das Ikosaeder kann auch in den Oktaederfünfling einbeschrieben werden, es bildet sozusagen dessen Kern.

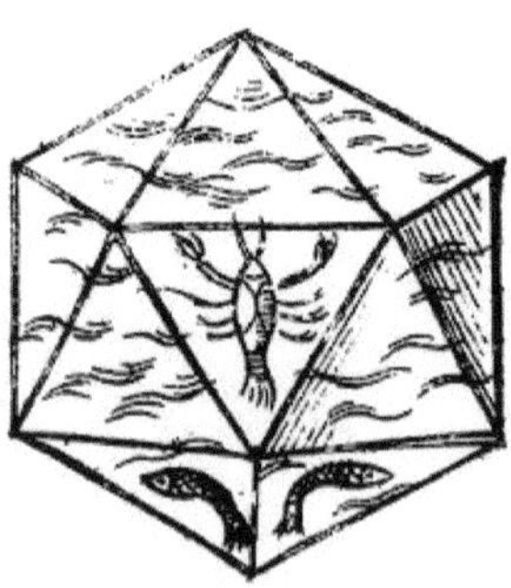

Abbildung 4: Das Ikosaeder
(Bindel, 1964, S. 29)

Das Dodekaeder

„Nach Plato setzt sich der gesamte Kosmos aus regulären Polygonen und Polyedern zusammen“ (Miyazaki, 1987, S. 16). Nur das geheimnisumwobene Dodekaeder war im Kosmos nicht auszumachen (vgl. Miyazaki, 1987, S. 12). Plato ist dadurch beunruhigt und begreift beim Betrachten des Himmels, „daß [sic] die äußere Schale des Kosmos, das natürliche Behältnis für die vier Elemente die Gestalt eines regulären Dodekaeders haben muß [sic], in dessen Innenraum die verschiedenen Himmelskörper ihren Platz haben“ (Miyazaki, 1987, S. 12). Als Zeichen des Himmels zeichnet Kepler Sonne, Mond und Sterne in sein Dodekaeder. Es besteht aus zwölf regelmäßigen Fünfecken. Von diesen treffen „je drei Flächen mit Winkeln von 108° in den zwanzig Ecken zusammen und bilden „die stumpfesten [sic] Ecken aller Platonischen Körper“ (Adam/Wyss, 1994, S. 16). „Damit steht das Dodekaeder der Kugelform am nächsten“ (Adam/Wyss, 1994, S. 16). Die Flächenwinkel wiederum sind mit etwa 118° kleiner als beim Ikosaeder. In die fünfeckigen Flächen lassen sich Pentagramme einzeichnen, indem die Ecken miteinander verbunden werden. Dabei tritt der Goldene Schnitt zutage, der den Bauplan des gesamten Körpers durchdringt (vgl. Adam/Wyss, 1994, S. 16).

Der in dieser Arbeit betrachtete Oktaederfünfling lässt sich in das Kantengerüst des Dodekaeders stellen, da er wie das Ikosaeder ebenfalls 30 Kanten besitzt. Diese werden wiederum in der Kantenmitte von den Spitzen des Oktaederfünflings berührt.

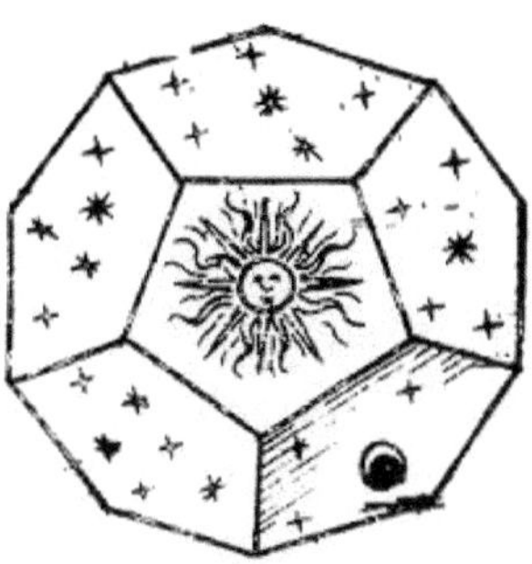

Abbildung 5: Das Dodekaeder
(Bindel, 1964, S. 29)

„Dass [sic] es nur fünf vollkommen regelmässige [sic] Körper geben kann, hat folgende Bewandtnis: Eine räumliche Ecke kann nur entstehen, wenn sie von drei oder mehr Flächen umfasst wird, deren Winkelsumme an der Ecke *weniger als 360°* beträgt. So wird es möglich, dass gleichseitige Dreiecke zu dritt die Ecken des Tetraeders bilden, zu viert die Ecken des Oktaeders und zu fünft die Ecken des Ikosaeders. Drei rechte Winkel der Quadrate bilden eine Würfelecke und drei Fünfeckswinkel eine Ecke des Dodekaeders. Aus mehr als fünf Winkeln von gleichseitigen Dreiecken, mehr als drei rechten Winkeln der Quadrate oder mehr als drei Fünfeckswinkeln können keine räumlichen Ecken entstehen, weil die Summe der eckenbildenden Winkel 360° oder mehr betr agen würde." (Adam/Wyss, 1994, S. 16)

Aufgrund des oben aufgeführten Arguments wurde gezeigt, dass die Liste der Platonischen Körper komplett ist. Treffen zwei oder drei verschiedene Polygone an den Ecken zusammen, ergeben sich die dreizehn Archimedischen Körper. Deren Vollständigkeit ist ebenfalls durch die aufgeführten Argumente begründet (vgl. Adam/Wyss, 1994, S. 16).

1.3 Der Oktaederfünfling

Das Kernstück dieser Arbeit ist der Oktaederfünfling, der in diesem Kapitel detailliert beschreiben wird. Unterkapitel wird sein Aufbau erläutert und im zweiten Unterkapitel seine Verwandten aufgezeigt.

1.3.1 Aufbau des Oktaederfünflings

Der Oktaederfünfling setzt sich dem Begriff nach aus fünf Oktaedern zusammen. Durch ihre gegenseitige Durchdringung entsteht ein ästhetischer Sternkörper mit 30 Spitzen.

Wie bereits erwähnt, lässt sich jeder Platonische Körper in alle anderen einbeschreiben (vgl. Adam/Wyss, 1994, S. 117), so auch ein Oktaeder in ein Ikosaeder. Somit wird das Bauprinzip des Oktaederfünflings deutlich. Die sechs Ecken des Oktaeders sind auf die Mitten von sechs Ikosaederkanten gesetzt. Dabei gelangt man von einer Ecke zur nächten durch einen räumlichen zick-zack-zuck-Zug über 60° und 180° (vgl. Adam/Wyss, 1994, S. 37). Aufgrun d der 30 Kanten des Ikosaeders ist es möglich, fünf sich gegenseitig durchdringende Oktaeder hineinzustellen, welche den Oktaederfünfling bilden. Es wäre auch möglich den Oktaederfünfling in das Kantengerüst eines Dodekaeders zu stellen, da dieser ebenfalls 30 Kanten besitzt. Diese beiden Darstellungen sind in Abbildung 6 zu sehen. Im Folgenden wird eine Kombination aufgezeigt, in welcher Reihenfolge man die Oktaeder in das Ikosaeder setzen kann. In Wirklichkeit gibt es 120 Möglichkeiten die Oktaeder in verschiedener Reihenfolge in das Ikosaeder zu stellen (vgl. Adam/Wyss, 1994, S. 117).

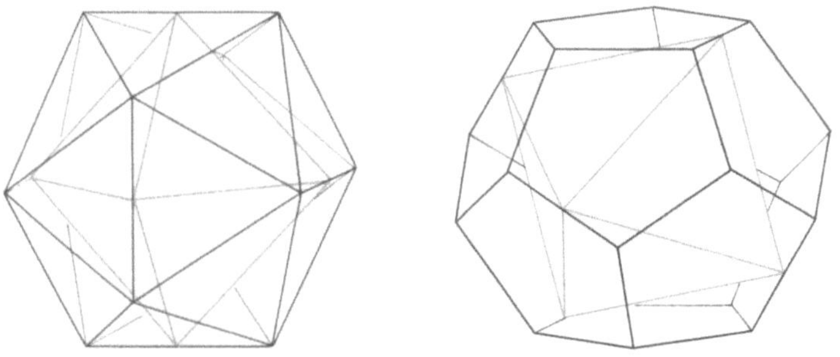

Abbildung 6: Oktaeder einbeschrieben in einen Ikosaeder und einen Dodekaeder
(Adam/Wyss, 1994, S.117, S. 38)

Die Schale des Oktaederfünflings bildet das Ikosidodekaeder, dessen Oberfläche aus zwölf gleichseitigen Fünfecken und 20 gleichseitigen Dreiecken besteht. Den Kern bildet wieder ein Ikosaeder, dessen Fläche aus 20 gleichseitigen Dreiecken besteht (vgl. Adam/Wyss, 1994, S. 121).

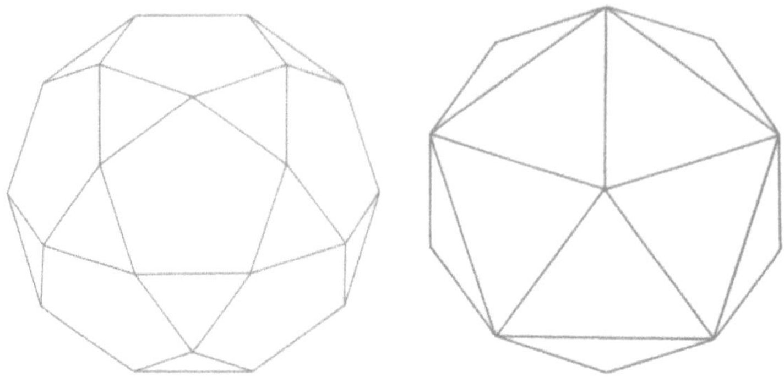

Abbildung 7: Schale (Ikosidodekaeder) und Kern (Ikosaeder) des Oktaederfünflings
(Adam/Wyss, 1994, S. 119)

Um eine bessere Vorstellung von der Entstehung eines Oktaederfünflings zu bekommen, wird eine zeichnerische Darstellung aufgeführt. Die folgenden Abbildungen zeigen schrittweise die Zeichnungen eines Oktaeders, die Durchdringungen von zwei, drei und vier Oktaedern und schließlich den Oktaederfünfling.

Abbildung 8: Ein in ein Ikosaeder einbeschriebenes Oktaeder
(Adam/Wyss, 1994, S. 118)

Abbildung 9: Zwei sich durchdringende Oktaeder
(Adam/Wyss, 1994, S. 118)

Abbildung 10: Drei sich durchdringende Oktaeder
(Adam/Wyss, 1994, S. 118)

Abbildung 11: Vier sich durchdringende Oktaeder
(Adam/Wyss, 1994, S. 118)

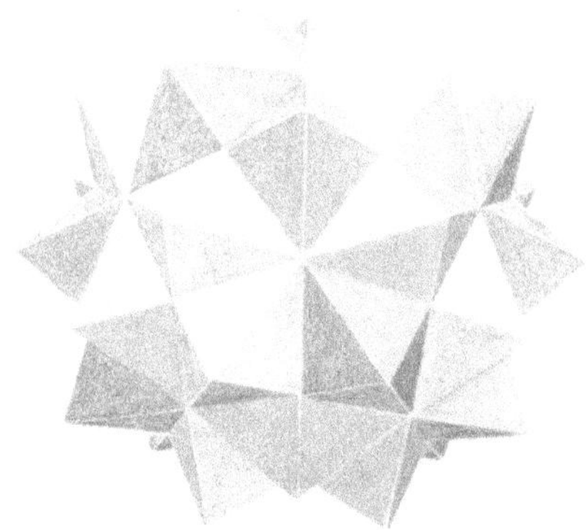

Abbildung 12: Oktaederfünfling
(Adam/Wyss, 1994, S. 119)

1.3.2 Verwandte des Oktaederfünflings

Miyazaki (1987) bezeichnet sowohl den Oktaederfünfling als auch den Würfelfünfling und den Tetraederfünfling als chirale reguläre Verbindungen. Darunter fallen „derart kombinierte kongruente reguläre Polyeder, die in allen Eckpunkten mit denjenigen eines regulären oder halbregulären Polyeders zusammenfallen können" (Miyazaki, 1987, S. 64). Auf Grund dieser Eigenschaft ergeben sich folgende zwei Verwandte des Oktaederfünflings. Zum einen sind das fünf Würfel in einem Dodekaeder oder Würfelfünfling (Abbildung 13) und zum anderen fünf Tetraeder in einem Dodekaeder oder Tetraederfünfling (Abbildung 14).

Der Tetraederfünfling und der Würfelfünfling lassen sich aus Raum- bzw. Flächendiagonalen des Dodekaeders konstruieren. Der Oktaederfünfling hingegen kann in das Kantengerüst des Dodekaeders gestellt werden (vgl. Adam/Wyss, 1994, S. 101 ff.).

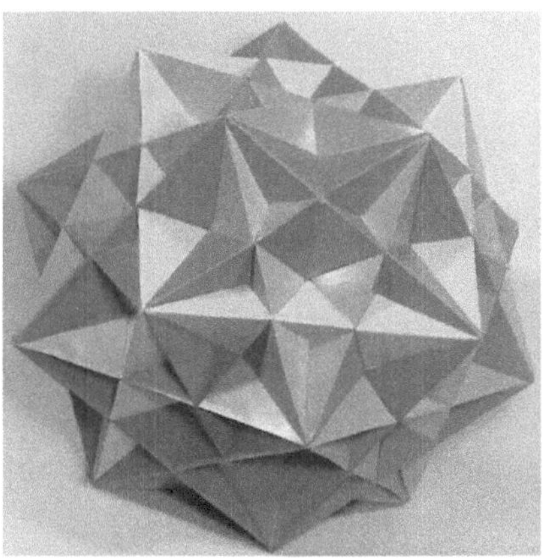

Abbildung 13: Würfelfünfling
(Adam/Wyss, 1994, S. 120)

Abbildung 14: Tetraederfünfling
(Adam/Wyss, 1994, S. 120)

2 Der Bau des Oktaederfünflings

2.1 Vorüberlegungen

Bevor mit dem Bau des Oktaederfünflings begonnen wird, ist es nötig sich über einige Dinge Gedanken zu machen. Dabei gilt es einfache Fragen, wie die Farbwahl der Folien zu entscheiden oder komplexere Probleme, wie die Berechnung der maximalen Körperflächengröße.

Papiermodell

Zu Beginn meiner Arbeit, habe ich bei Herrn Pöppe unter der Homepage http://www.poeppe-online.de/7.html einen Kartonbausatz des Oktaederfünflings bestellt. Auf dieser Internetseite werden Kartonbausätze verschiedener geometrischer Körper angeboten. Dieser Bausatz diente zur besseren Vorstellung vom Aufbau und Aussehen des Oktaederfünflings. Bei diesem Kartonmodell wird mit den Abwicklungen der Oktaederspitzen gearbeitet, welche auch anschließend bei dem PVC-Folienmodell verwendet werden. In Abbildung 15 ist das gebastelte Kartonmodell eines Oktaederfünflings zu sehen.

Abbildung 15: Kartonmodell eines Oktaederfünflings (Binder, 2008)

Farbwahl

Hier müssen zwei Entscheidungen getroffen werden. Zunächst die Anzahl der verschiedenen Farben und schließlich die Farben an sich. Die Wahl war für mich nicht sehr schwierig. Es wurde bereits ein Körper aus fünf Polyedern gebaut, welches derzeit von Prof. Dr. Maier an der Pädagogischen Hochschule Karlsruhe zur Schau gestellt wird. Bei diesem Modell wurden nicht-transparente PVC-Folien verwendet, damit die einzelnen Polyeder besser zur Geltung kommen. Diese PVC-Folien sind für den Bau des Modells vorgegeben. Des Weiteren wurden bei dem ausgestellten Modell die Farben gelb, orange, rot, hellblau und dunkelblau verwendet. Ich habe mich ebenfalls für diese Farbkombination entschieden. Dabei kommen die einzelnen Polyeder sehr gut zur Geltung und die Farben harmonieren miteinander. Eine Kombination von weniger als fünf verschiedenen Farbnuancen habe ich von vornherein ausgeschlossen. Das Modell würde dadurch zu monoton wirken oder die Dynamik des Oktaederfünflings würde aufgrund der ungeraden Oktaederzahl nicht zur Geltung kommen.

Flächen

Der Oktaederfünfling hat 30 Spitzen, die aus je vier Dreiecken gebildet werden. Es besteht nun die Möglichkeit mit den einzelnen Dreiecken zu arbeiten, wovon jedoch 120 Stück gebraucht werden oder es wird mit der Abwicklung einer Oktaederspitze gearbeitet. In diesem Fall bleiben vier Dreiecke miteinander verbunden und es entstehen 30 Flächen zur weiteren Verarbeitung (s. Abbildung 16).

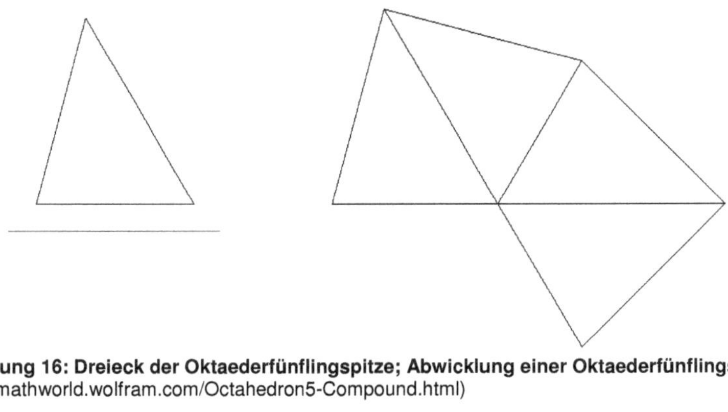

Abbildung 16: Dreieck der Oktaederfünflingspitze; Abwicklung einer Oktaederfünflingspitze
(http://mathworld.wolfram.com/Octahedron5-Compound.html)

In Adam und Wyss (1994) wird eine Vorgehensweise für das Basteln mit PVC-Folien beschrieben. Die Autoren arbeiten mit einem scharfen Bastelmesser. Mit diesem werden Einschnitte ausgeführt, die zu etwa ¾ in die Folie eindringen. Somit kann die benötigte Abwicklung entlang der äußeren Schnitte ausgebrochen werden und entlang der inneren Schnitte zum Körper umgebogen werden. Anschließend müssen dann nur noch die Kanten zusammengeklebt werden, an denen zwei freie Flächenseiten zusammentreffen. Es ist darauf zu achten, dass bei diesem Vorgang die Schnitte tief genug geführt werden, da sonst die Folie springt oder bei zu festem Umbiegen verkrümmt wird. Durch eine optimale Schnittführung erhält man als Ergebnis saubere und ziemlich exakte Kanten (vgl. Adam/Wyss, 1994, S. 127 ff.).

Ich orientiere mich an diesem Verfahren und fertige eine Probespitze an. Die Außenkanten werden von mir komplett durchtrennt, da sie beim Ausbrechen keine saubere Kante ergeben. Die Faltkanten schneide ich wie empfohlen zu ¾ ein, wodurch sie sich sehr leicht umbiegen lassen. Nun muss ich nur noch zwei Seiten durch Klebestreifen miteinander zu einer Kante verbinden. Die so entstandene Spitze ist stabil und das Verkleben gestaltet sich nicht besonders schwierig. Für den Bau des Oktaederfünflings werde ich mit den 30 Abwicklungen arbeiten und nach obiger Methode vorgehen.

Verbindungsmittel

Adam und Wyss (1994) empfehlen als Verbindungsmittel Tetrahydrofuran, mit welchem sich die PVC-Folien verschweißen lassen. Es handelt sich dabei um ein flüssiges Lösungsmittel (Giftklasse 3), das einen geringen Teil der Folie auflöst und diese nach wenigen Sekunden beim Verdunsten wieder verfestigt. Prof. Dr. Maier stellt das von Adam und Wyss empfohlene Lösungsmittel Tetrahydrofuran 99% als Klebstoff zur Verfügung. Die ersten Versuche mit dem Lösungsmittel umzugehen, verliefen wie folgt: Ich ziehe das Lösungsmittel mit Hilfe einer Reißfeder auf und bringe es dann auf die zu verklebenden Kanten auf. Die Reißfeder wird bestmöglich eingestellt, um die Flüssigkeitsmenge zu optimieren. Dadurch werden akzeptable Ergebnisse erreicht (vgl. Adam/Wyss, 1994, S. 128).

Zuschnitt

Zu Beginn meiner Arbeit nahm ich an es wäre am besten mit einer guten Schneidemaschine zu arbeiten, um saubere und gerade Schnitte zu erhalten. Jedoch musste ich erkennen, dass nur vier der insgesamt sechs Seiten mit dieser Methode geschnitten werden können. Die beiden anderen Seiten bilden eine einspringende Ecke, welche mit der Maschine exakt zu erreichen fast unmöglich ist. Die Gefahr zu weit zu schneiden ist sehr groß. Doch auch die anderen vier Kanten genau auf die Schnittfläche der Maschine zu bekommen erfordert viel Fingerspitzengefühl. Deshalb wollte ich eine scharfe Schere verwenden. Diese Möglichkeit habe ich aber auch wieder verworfen, da die von Hand geschnittenen Linien nicht vollständig gerade werden. Außerdem besteht auch hier das Problem, die Schnitte an den Eckpunkten zu weit zu führen.

Als nächstes greife ich die Idee der Autoren Adam und Wyss (1994) auf. Sie arbeiten mit einem scharfen Bastelmesser und erzielen somit ziemlich genaue Ergebnisse. Durch exaktes Anlegen eines Lineals kann ich mit dem Bastelmesser genau an den Kanten entlang schneiden. Schwierigkeiten bereitet auch hier wieder der innenliegende Eckpunkt. Bei Versuchen musste ich feststellen, dass das Messer öfter durch die PVC-Folie durchgezogen werden muss, um diese zu trennen. Deshalb ist diese Methode mit einem höheren Zeit- und Kraftaufwand verbunden.

Aufgrund der oben aufgeführten Probleme der einzelnen Werkzeuge, habe ich mich für das Messer entschieden. Ich werde allerdings kein Bastelmesser verwenden, sondern ein Teppichmesser. Dieses ist wesentlich schärfer und es werden wesentlich bessere Ergebnisse erzielt. Auch die Anzahl der Schnittführungen zum Durchtrennen der Folie wird verringert und so zusätzlich eine Kraft- und Zeitersparnis erzielt.

Teilstückgröße

Der Durchmesser des gesamten Körpers soll zwischen 20 und 30 Zentimeter betragen. Es muss also berechnet werden, wie groß die Teilstücke maximal sein dürfen, damit dieser Durchmesser nicht überschritten wird. Da alle fünf Oktaeder innerhalb eines Ikosidodekaeders liegen darf der Radius dessen Umkugel maximal 15 Zentimeter betragen. Die Oktaederecken liegen in sechs der Ikosidodekaederecken. Sie haben somit dieselbe Umkugel. Die Strecke vom Mittelpunkt des Oktaeders zu seinen Ecken darf daher ebenfalls höchstens 15 Zentimeter lang sein.

Um die Länge a der Oktaederkanten zu ermitteln, verwende ich die Formel um den Radius R der Umkugel zu berechnen. Die Formel zur Berechnung des Radius R lautet: $R = \sqrt{2}/2 \cdot a$. Da der Radius des Körpers höchstens 15 cm betragen darf, setzte ich diesen für meine Berechnung als gegeben voraus. Mit Hilfe des gegebenen Umkugelradius und der Formel zur Berechnung dessen, kann ich die maximale Länge der Außenkante a errechnen (vgl. http://www.mathematische-basteleien.de/oktaeder.htm).

Skizze:

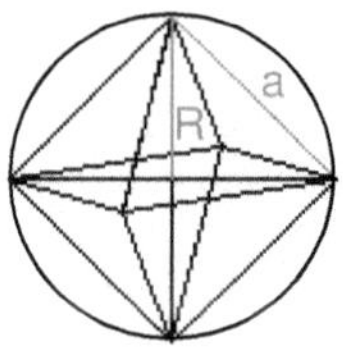

Rechnung:

$R = \sqrt{2} / 2 \cdot a$

$a = 15\text{cm} \cdot 2 / \sqrt{2} = 21{,}21\text{cm}$

Die Außenkante a des Oktaeders darf also maximal 21,21 cm lang sein. Um die Kantenlänge a zu erhalten wird die Seite s1 festgelegt und anschließend die Seiten s2 und s3 berechnet. Mit Hilfe der gegebenen Formeln können die fehlenden Seiten durch Gleichsetzung ermittelt werden. Durch Addition der Seiten s1, s2 und s3 erhält man die Kantenlänge a des Oktaeders. Zur Berechnung der Seitenlängen des Aufrisses wird die folgende Vorlage verwendet: (vgl. http://mathworld.wolfram.com/Octahedron5-Compound.html)

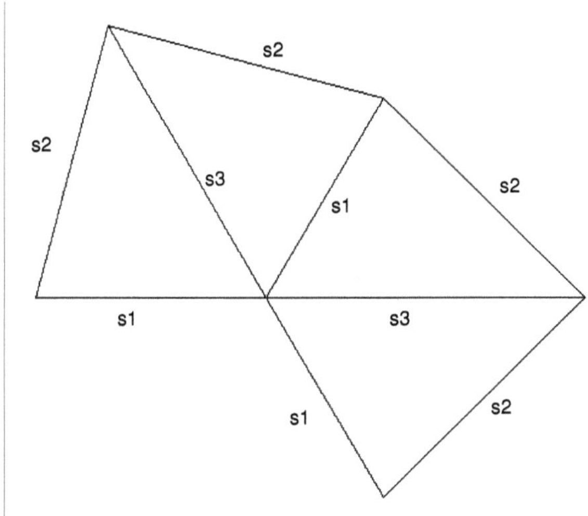

s1 = 1/10(5 - √5) → geg.: s1 = 5,5cm

s2 = 3/5√5 - 1

s3 = 1/2 (3 - √5)

Berechnung von s2:

$$\frac{1/10\cdot(5-\sqrt{5})}{5{,}5cm} = \frac{3/5\sqrt{5}-1}{x}$$

$$x = \frac{(3/5\sqrt{5}-1)\cdot 5{,}5cm}{1/10\cdot(5-\sqrt{5})} = \frac{1{,}8790}{0{,}2764} = 6{,}798cm \rightarrow s2$$

Berechnung von s3:

$$\frac{1/10\cdot(5-\sqrt{5})}{5{,}5cm} = \frac{1/2(3-\sqrt{5})}{y}$$

$$y = \frac{1/2(3-\sqrt{5})\cdot 5{,}5cm}{1/10\cdot(5-\sqrt{5})} = \frac{2{,}1008}{0{,}2764} = 7{,}601cm \rightarrow s3$$

Berechnung von a:

a = s1 + s2 + s3 = 5,5cm + 6,798cm + 7,601cm = 19,899cm

Berechnung von R:

$R = \sqrt{2} / 2 \cdot a$

$R = \sqrt{2} / 2 \cdot 19{,}899cm = 14{,}07cm$

Mit einer Kantenlänge a von 19,899 cm erreiche ich fast die Höchstlänge von 21,21 cm. Dadurch erhalte ich einen Umkugelradius R von 14,07 cm und einen Durchmesser von 28,14 cm für meinen Körper. Da ich nun fast den Höchstdurchmesser von 30 cm erreicht habe, verwende ich diese Größen für den Bau meines Models.

2.2 Umsetzung

Es folgt nun eine detaillierte Beschreibung über die verschiedenen Bauphasen zur Entstehung des Oktaederfünflingmodels. Hierzu wird größtenteils die Anleitung zur Herstellung durchsichtiger Modelle aus Kunststoffen von Adam und Wyss (1994, S. 127 ff.) herangezogen.

Zeichnung der Abwicklung

Um ein gutes Modell herstellen zu können, ist eine genaue Zeichnung der Körperabwicklung bzw. in meinem Fall der Oktaederspitzen notwendig (vgl. Adam/Wyss, 1994, S. 127). Zur Herstellung einer exakten Zeichnung verwende ich ein CAD-Programm. Damit ist es möglich die exakten Längen und Winkel der Abwicklung zu zeichnen. Durch einen anschließenden 1:1-Ausdruck erhält man eine genaue Abbildung der Oktaederspitzenabwicklung. Dies kann dann zur Herstellung einer Schablone verwendet werden.

Fertigung einer Schablone

Nach einigen Überlegungen kam ich zu dem Entschluss, dass eine Schablone aus Metall die beste Lösung ist. Mit deren Hilfe könnten die nötigen Schnitte direkt entlang ihrer Kanten geführt werden und die Gefahr sich zu verschneiden ist sehr gering. Ein metallverarbeitender Betrieb fertigte nach Vorgabe einer CAD-Zeichnung die benötigte Schablone aus 1 mm starkem Blech an. Damit war es nun möglich das Teppichmesser genau an die Kanten anzulegen und exakte Bauteile aus der PVC-Folie zu schneiden.

Abbildung 17: Metallschablone (Binder, 2008)

Zuschnitt der Bauteile

Beim Zuschnitt der Bauteile wurde die angefertigte Metallschablone verwendet. Durch die spitzen Ecken und scharfen Kanten ist ein zusätzliches Befestigen der Schablone auf der PVC-Folie nicht notwendig.

Im Folgenden werden einige wichtige Punkte aufgeführt, um beim Zuschnitt der Bauteile ein zufrieden stellendes Ergebnis zu erhalten:

- Die Schnitte mit dem Teppichmesser müssen genau entlang der Metallschablonenkanten geführt werden.
- Die Schnitte werden mit Druck und in einem Zug der Länge nach geführt. Links und rechts sollte dabei etwas weiter geschnitten werden, da zu Beginn und am Ende weniger Druck aufgewandt wird. Es werden ca. zwei bis drei Schnitte benötigt, um die PVC-Folie zu durchtrennen. Wie stark der Druck dabei aufs Messer sein muss, sollte vorab an einem Reststück ausprobiert werden.
- Bei der einspringenden Ecke muss in der Ecke mit der Schnittführung begonnen werden. Sonst kann es passieren, dass man in die Schablone schneidet, wodurch einerseits die Klinge schneller abstumpft und andererseits die Ecke der PVC-Folie nicht genau durchtrennt wird.
- Es ist zu empfehlen, zuerst alle Seiten zu schneiden und dann die Form herauszutrennen. Somit erhält man bei allen Schnitten die Möglichkeit, sie etwas weiter hinaus zu führen als nötig.
- Die Schnitte sollten auf der Folienseite geführt werden, die nachher die Innenseite des Körpers bildet. Denn beim Schneiden bildet sich ein kleiner unschöner Wulst, der besser im Inneren des Körpers verschwinden sollte.

Faltlinien

Auch entlang der drei Faltlinien müssen Schnitte geführt werden. Nur so können exakte Kanten am späteren Körper erreicht werden. Die Schnitte müssen zu etwa ¾ in die Folie eindringen, damit sich die Flächen an den geschnittenen Kanten leicht abbiegen lassen und die Folie nicht springt oder verkrümmt (vgl. Adam/Wyss, 1994, S. 127). Bei den Bauteilen muss ausgehend von der einspringenden Ecke drei Schnitte zu den drei äußeren Ecken geführt werden, um die Faltlinien zu erhalten. Um diese Kanten zu erhalten arbeite ich mit einem großen Geodreieck, da dessen Unterseite glatt ist und es die Folien nicht verkratzen kann. Dies ist wichtig, weil die Schnitte auf der späteren Außenseite der Folie geführt werden müssen und diese makellos aussehen soll. Der Druck auf das Messer muss vorher an einem Reststück ausprobiert werden, um ein Gefühl für die richtige Schnitttiefe zu bekommen.

Verbinden der Oktaederspitzen

Im nächsten Schritt werden aus den 30 Bauteilen Oktaederspitzen hergestellt. Dazu werden die Flächen entlang der drei Faltlinien umgebogen, so dass deren zwei freie Flächenseiten zusammen stoßen. Die so entstandene Kante wird an der Außenseite mit einem Klebestreifen verbunden (vgl. Adam/Wyss, 1994, S. 128). Bereits hier wird darauf geachtet, dass die Flächen möglichst optimal aufeinander treffen. Abbildung 18 zeigt wie die Kanten zusammentreffen sollen bzw. wie es nicht gemacht werden soll.

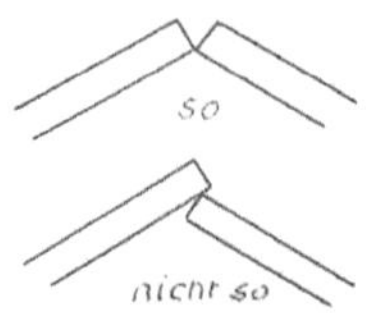

Abbildung 18: Verbindung der Körperflächen
(Adam/Wyss, 1994, S. 128)

Nun wird das Lösungsmittel Tetrahydrofuran eingesetzt. Zum eigenen Schutz wird während der gesamten Bastelzeit das Zimmer gut durchlüftet. Die vier entstandenen Kanten der Spitzen müssen nun mit Tetrahydrofuran verschweißt werden. Hierzu wird ein wenig der Flüssigkeit in ein kleineres Glasfläschchen mit engem Hals umgefüllt. Mit einer Reißfeder wird etwas von der Flüssigkeit aufgenommen und „diese in alle Fugen jener Kanten, deren Flächen noch aneinanderhängen“ aufgetragen (Adam/Wyss, 1994, S. 128). „Dadurch werden diese Kanten verstärkt: Tetrahydrofuran löst etwas von der Folie auf und verfestigt diese beim Verdunsten nach wenigen Sekunden wieder“ (Adam/Wyss, 1994, S. 128). Durch kleine Klumpen vor der Reißfeder kann man erkennen, dass sich dabei ein wenig von der Folie löst. Die Klumpen müssen immer wieder entfernt werden, um ein Verschmieren der Folie zu verhindern. Die nicht verschweißten Kanten lassen sich sehr gut an der Farbe erkennen. Ist die Folie nicht verscheißt, erscheinen die Kanten leicht weißlich. Ist die Folie hingegen verschweißt, entspricht die Kante wieder der Originalfarbe.

Bevor die drei bereits verbundenen Kanten mit Tetrahydrofuran bearbeitet werden, verschweißt man zuerst die beiden Flächen, die mit dem Klebestreifen zusammengehalten werden. Da der Klebestreifen an der Innenseite der Spitze angebracht wird, muss auch nicht darauf achtet werden, dass kein Lösungsmittel unter den Klebestreifen fließt. Während die Flächen verschweißt werden, ist darauf zu achten, dass der Druck auf die Reißfeder nicht zu hoch ist. Es könnte sonst passieren, dass die Flächen auseinander geschoben werden. Weiterhin muss die richtige Ausrichtung der Flächen beachtet werden, wie Abbildung 18 zeigt.

Sobald das Tetrahydrofuran verdunstet ist und die PVC-Folie sich wieder verfestigt hat, können die Klebestreifen abgezogen werden (vgl. Adam/Wyss, 1994, S. 128). Auf diese Weise entstehen dann alle 30 Oktaederspitzen, welche in Abbildung 19 zu sehen sind.

Zusammenfügen der Oktaederspitzen zum Körper

Die Herausforderung ist nun, aus den einzelnen Oktaederspitzen den kompletten Oktaederfünfling zu bilden.

Zu Beginn des Baus entschließe ich mich dazu, zunächst fünf verschiedenfarbige Oktaederspitzen zusammenzufügen, damit der Körper einen festen Stand hat.

Grundlage dafür ist der Ikosidodekaeder. Dieser Körper bildet die äußere Begrenzung des Oktaederfünflings. Er besteht aus gleichseitigen Drei- und Fünfecken, bei denen die Oktaederspitzen in einer Ebene zum Liegen kommen. Die Oktaederspitzen werden an der Innenseite mit Klebestreifen verbunden und anschließend mit Tetrahydrofuran zusammengeschweißt. Der Komplex (s. Abbildung 20) steht dann stabil auf seinen fünf Spitzen.

Abbildung 19: Oktaederspitzen (Binder, 2008)

Abbildung 20: Komplex aus fünf Oktaederspitzen (Binder, 2008)

Beim Verbinden ist es wichtig, dass Stellen bei denen mehrere Farben in einem Punkt zusammentreffen exakt passen. Erst wenn diese Kanten alle richtig ausgerichtet sind, werden die Seiten von innen nach außen fixiert. Um saubere Kanten zu erhalten müssen die Kanten (s. Abbildung 18, S. 29) entsprechend aufeinander treffen und zudem im korrekten Winkel zueinander stehen. Als diese ersten fünf Spitzen präzise mit Klebestreifen verbunden sind, wird mit Tetrahydrofuran weitergearbeitet. Das Lösungsmittel wird von der Körperinnenseite her aufgetragen, da hier der größere Flächenwinkel liegt.

In dieser Bauphase besteht der Vorteil darin; dass durch die Arbeiten an der Innenseite bei entstandenen Flecken durch das Lösungsmittel nicht gleich ein neues Bauteil hergestellt werden muss. Denn die Flecken auf der Innenseite sind durch die nicht transparente Folie später von außen nicht sichtbar. Hier muss nicht so sehr auf die Sauberkeit achten werden, wie es auf der Außenseite der Fall ist. Durch das Anfügen weiterer Bauteile wird es mit der Zeit immer schwieriger die inneren Kanten mit der Reißfeder zu erreichen. Erster Schritt ist das Verschweißen der instabilsten Stelle, das ist der Punkt, an dem alle fünf Bauteile zusammentreffen. Das verleiht dem Körper mehr Stabilität. Der nächste Schritt ist das Verschweißen aller Kanten, ausgenommen sind die mit Klebestreifen fixierten Stellen. Nach einiger Zeit löst man die Klebestreifen einzeln und verbindet diese Stellen ebenfalls mit Tetrahydrofuran. Somit ist sichergestellt, dass alle Seiten miteinander verbunden sind und keine Lücke vergessen wird.

Im nächsten Schritt wird das bereits vorhandene Konstrukt aus fünf Oktaederspitzen mit den weiteren Spitzen verbunden. Dabei wird der Reihe nach im Kreis immer eine Spitze an das vorliegende Konstrukt angebracht. Bei dieser Arbeitsphase wird wieder zuerst jede Spitze mit Klebestreifen fixiert, bevor sie mit Tetrahydrofuran verschweißt werden. Abbildung 21 zeigt das bisherige Konstrukt mit fünf weiteren Anbauteilen. Dieser Vorgang wird wiederholt, bis 25 der 30 Oktaederspitzen an der vorgesehenen Stelle sitzen (s. Abbildung 22).

Abbildung 21: Teilmodell mit fünf Anbauteilen (Binder,2008)

Abbildung 22: Teilmodelle mit den letzten Oktaederspitzen (Binder,2008)

Im weiteren Verlauf der Arbeit benutze ich eine Pinzette zum Entfernen der Klebestreifen, da dies per Hand nicht mehr möglich ist. Die letzten fünf Oktaederspitzen stellen die größte Herausforderung dar. Der Körper weist zu diesem Zeitpunkt nur noch eine recht enge Öffnung auf, was es schwierig macht die letzten Oktaederspitzen einzupassen. Es wird immer schwieriger die Klebestreifen anzubringen. Noch mehr Geschick erfordert nun der Umgang mit der Reißfeder, um das Tetrahydrofuran auf die Kanten aufzubringen.

Der Versuch die Bauteile wie bisher einzeln einzupassen, hat durch die hohe Körperspannung nicht richtig funktionierte. Ich entschied mich schließlich die letzten fünf Oktaederspitzen wieder zu einem Bauteil zusammen zu fügen, wie es in Abbildung 20 zu sehen ist. Dieses Bauteil muss von außen am Körper angebracht werden, was enorm viel Fingerspitzengefühl verlangt. Die Klebestreifen kann man auf Grund der kleinen Flächenwinkel sehr schwer oder gar nicht anbringen. Mit viel Mühe und großem Zeitaufwand ist es mir dann doch gelungen das Bauteil so gut einzupassen, dass mit Tetrahydrofuran weitergearbeitet werden kann. Dabei wird das Lösungsmittel von außen auf den Körper aufgetragen. Bei diesen letzten zehn Seiten ist das Verbinden mit der Reißfeder problematisch. Sie passt gerade so in den Spalt zwischen zwei Flächen und bekommt deshalb nicht immer sofort Kontakt zur Folie. Entsteht dann der Kontakt, kann es passieren, dass das Lösungsmittel in einem Schwall herausläuft und unansehnliche Flecken auf der Folie hinterlässt. Die Flecken können das optische Ergebnis des Modells beeinträchtigen, da sie auf der Außenseite sichtbar sind.

In der Schlussphase zeigen sich nun sämtliche Ungenauigkeiten, die beim bisherigen Arbeiten aufgetreten sind. Die Seiten passen nicht genau zusammen und klaffen auseinander. Um die letzten vier Kanten zu verbinden, benötigt man die Hilfe einer weiteren Person. Diese muss das Tetrahydrofuran auf die Kanten auftragen, während ich mit beiden Händen die Seiten der Oktaederspitzen aneinander drücke. Glücklicherweise verdunstet das Lösungsmittel sehr schnell und verfestigt die Verbindung in kurzer Zeit. Da der Körper aber trotzdem noch unter Spannung steht sind im Endprodukt leider immer noch einige kleine Spalte zu sehen, die ich auch nicht mehr verbinden kann. Denn je mehr Lösungsmittel aufgetragen wird, desto weiter löst sich die Folie, was den Spalt letztendlich nur noch vergrößern würde.

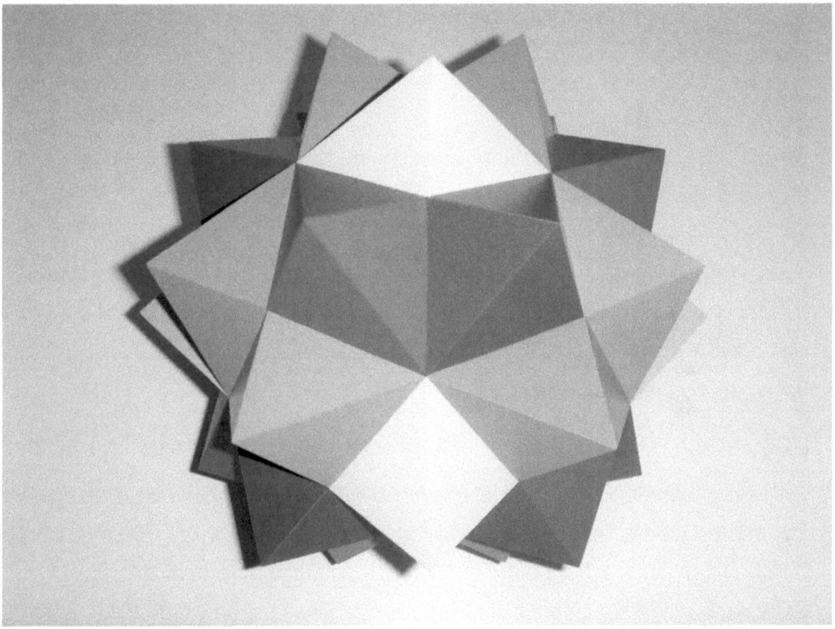

Abbildung 23: PVC-Modell eines Oktaederfünflings (Binder, 2008)

2.3 Kritische Betrachtung

Dieses Kapitel beinhaltet eine kritische Betrachtung des Modellbaus. Dabei wird auf Probleme und Schwierigkeiten eingegangen, die während der Vorüberlegungen und dem eigentlichen Bau aufgetreten sind und bisher noch nicht erwähnt wurden.

Verbinden der Bauteile

Das Arbeiten mit Tetrahydrofuran funktionierte an sich sehr gut. Gelegentlich kam es jedoch vor, dass die Flüssigkeit nicht gleichmäßig aus der Reißfeder geflossen ist. So waren manche Stellen unverschweißt und mussten noch einmal nachgefahren werden. An anderen Stellen ist zu viel Flüssigkeit ausgelaufen, was zu Flecken auf der Folie führte. Das war vor allem auf der Außenseite ärgerlich, weil diese Flecken im Endergebnis zu sehen sind und ich deshalb einige Bauteile nochmals herstellen musste.

Folien

Die beiden blauen Folien und die rote Folie sind bei der Arbeit negativ aufgefallen. Die matte Oberfläche der roten Folie ist sehr empfindlich. Dies stellte sich beim Zuschneiden aber auch beim Verbinden fest. Beim Zuschneiden lag die matte Seite nach unten auf einem Kunststoffbrett, welches schon einige Rillen durch das schneiden hat. Durch die Rillen und das Drehen der Folie auf dem Brett bekam die Folie leichte Kratzer an der späteren Außenseite. Um dieses Problem zu beheben legte ich ein weiteres Stück Folie zwischen das Kunststoffbrett und die rote Folie. Dadurch erhielt ich eine glatte Unterlage für meine Folie. Beim Verbinden der Außenseiten mit Tetrahydrofuran musste ich bei dieser und der dunkelblauen Folie besonders vorsichtig sein. Das Tetrahydrofuran hinterlässt bei diesen Folien besonders auffällige weiße Flecken, welche man später nicht mehr weg bekommt. Die hellblaue Folie springt relativ leicht und erfordert ein vorsichtiges Zuschneiden. Beim Zuschnitt der Bauteile mit der Schablone, riss die Folie mehrmals auf und ich musste den Zuschnitt erneut an einer anderen Stelle beginnen.

Zuschnitt

Mit dem Teppichmesser gelang es gut, die einspringenden Ecken exakt auszuschneiden. Die Metallschablone war mir beim Zuschnitt eine große Hilfe. Legt man das Messer jedoch nicht genau an die Kante der Schablone an, kann das Messer verrutschen und man bekommt einen ungeraden Schnitt. Dies hat dann einen erneuten Zuschnitt des Bauteils zur Folge.

Zusammenbau

Das Oktaederfünflingsmodell wurde von mir zweimal gebastelt. Der Bau des ersten Polyedermodells wurde auf mehrere Tage verteilt. Dabei hat sich die Folie an den verschweißten so versteift, dass die Flucht der Oktaederkanten nicht mehr übereinstimmte. Des Weiteren stand der gesamte Körper beim Verschweißen der letzten Bauteile so unter Spannung, dass er immer wieder an anderen Stellen aufriss. Das zweite Modell wurde innerhalb von zwei Tagen zusammengebaut. Am ersten Tag wurden die Oktaederspitzen erstellt und am zweiten Tag wurden sie aneinander gefügt. Hier bestand noch die Möglichkeit kleine Ungenauigkeiten durch leichtes Drücken zu korrigieren, da das Tetrahydrofuran den Körper noch nicht so steif gemacht hat. Der Bau des zweiten Polyedermodells zeigt, dass der zeitnahe Zusammenbau empfehlenswert ist.

3 Einsatzmöglichkeiten des Oktaederfünflings in der Grundschule

Im folgenden Kapitel wird auf die Ziele und Didaktik des Mathematikunterrichts und auf den Schuleinsatz des Oktaederfünflings eingegangen.

3.1 Ziele und Didaktik des Mathematikunterrichts in der Grundschule

Die zentrale Aufgabe des Mathematikunterrichts aller Schuljahre ist es, Schülerinnen und Schüler[1] für den mathematischen Gehalt alltäglicher Situationen und Phänomene zu sensibilisieren, sie zum Problemlösen anzuleiten und sie mit

[1] Im Verlauf dieser Arbeit werde ich aus Gründen der besseren Lesbarkeit die kürzere maskuline Form Schüler verwenden. Damit sind stets auch Schülerinnen gemeint.

mathematischen Mitteln dafür auszustatten. Der Erwerb von mathematischem Wissen und Können soll durch Lernen und Arbeiten in der Schule ständig gefördert werden. Der Mathematikunterricht knüpft dabei an Vorerfahrungen und Denkstrukturen der Schüler der jeweiligen Alters- bzw. Erfahrungsstufen an. Bei Schulanfängern erfolgt das Denken und Lernen durch handelnden Umgang mit Materialien aus der Umwelt bzw. durch den Einsatz ausgewählter Arbeitsmittel unter mathematischer Fragestellung. Im Laufe der Grundschulzeit erwerben die Schüler Kompetenzen, die sie in weiteren Situationen anwenden können und demzufolge zu einer Erweiterung von Wissen und Können gelangen.

Der Mathematikunterricht der Grundschule soll so ausgerichtet sein, dass die Kinder auf ihrem Niveau mathematische Strukturen und Zusammenhänge entdecken. Den Kindern soll durch die Strukturorientierung der Zugang zur Mathematik durch Erkennen von Beziehungen und Regelhaftem eröffnet werden. Weiterhin ist es Ziel des Unterrichts den Kindern Freude am mathematischem Lernen und Arbeiten durch Motivation, Fordern und Fördern zu vermitteln. Zum mathematischen Grundwissen gehören ein solides Zahlenverständnis, das Beherrschen der Grundrechenarten, Orientierungsvermögen in Raum und Ebene, Vorstellungen über Größen, deren Anwendung und Bedeutung im Alltag, Lesen und Anwendung unterschiedlicher Darstellungsformen sowie sachgerechte Handhabung einfacher Zeichengeräte. Der zielgerichtete Umgang und die Anwendung des Grundwissens führen letztendlich zur Weiterentwicklung mathematischer Kompetenzen (vgl. Bildungsplan 2004, S. 54).

Die Kompetenzen mit ihren verschiedenen Inhalten orientieren sich im Mathematikunterricht der Grundschule an den miteinander vernetzten Leitideen Zahl, Messen und Größen, Raum und Ebene, Muster und Strukturen und Daten und Sachsituationen (vgl. Bildungsplan 2004, S. 55).

Nachfolgend wird unter Beachtung der Themenstellung dieser Arbeit intensiver auf die fachlichen Kompetenzen im Bereich Geometrie und im Wesentlichen auf die Leitidee Raum und Ebene eingegangen. Die oben genannte Kompetenz-ausbildung soll die Schüler zur bewussten Wahrnehmung der Natur und der

Umwelt, zum Entdecken und Analysieren von Strukturen und Phänomenen und zum Erwerb und Anwendung von geometrischem Vorstellungsvermögen befähigen.

Die Leitidee Raum und Ebene der Klasse 2 ist durch folgendes Können der Schüler gekennzeichnet:

- Entdeckung und Identifizierung geometrischer Körper in der Umwelt und in der Kunst
- Betrachtung und Beschreibung geometrischer Körper aus unterschiedlichen Perspektiven
- Herstellung einfacher geometrischer Körper und Beschreibung der Körpereigenschaften
- Vergleich von Körpern und ihre Beziehung zueinander
- Herstellung einfacher symmetrischer Figuren
- Erkennen, Benennen und Beschreibung von Flächen und Formen sowie ihre Beziehungen zueinander und das kreative Gestaltung mit ihnen

Zu den Inhalten dieser Leitidee gehören unter anderem die Themen Würfel, Quader, einfache Lagebeziehungen, Perspektiven, Viereck, Rechteck, Quadrat, Dreieck und Kreis (vgl. Bildungsplan 2004, S. 58 ff.).

In Klasse 4 erweitert sich das oben genannte Können um:

- Bau ausgewählter Körper nach Vorlage
- Aufbau, Zerlegung und Analyse komplexer Flächenformen
- Prüfung geometrischer Körper auf Funktionalität und Erkennen ihrer Anwendung und Nutzung im Alltag

Die Inhalte erweitern sich ebenfalls und zwar um Kugel, Kegel, Zylinder, Pyramide, Würfelnetz und Quadernetz (vgl. Bildungsplan 2004, S. 60 ff.).

Bei der Gestaltung des Unterrichts sollen auch fachdidaktische Prinzipien beachtet werden, wie handlungsorientiertes und entdeckendes Lernen und Arbeiten. Bei den Schülern entstehen durch das Zusammenspiel von Handeln und Reflektieren

Denkstrukturen, die ihnen die Chance ermöglichen auf der jeweils eigenen Stufe des Könnens zu arbeiten. Dabei können Aufgaben konkret mit Material gelöst werden. Durch das entdeckende Lernen entwickeln Schüler individuelle Lösungsansätze und Strategien, wenn sie mit herausfordernden Situationen konfrontiert werden. Dies baut eine positive Arbeitshaltung auf, welche durch Motivation und Anstrengungsbereitschaft ausgelöst wird. Anlassbezogene Problemstellungen erlauben es den Schülern unterschiedliche Zugangsweisen und Strategien zu entwickeln. Weitere fachdidaktische Hinweise für einen erfolgreichen Unterricht sind das Üben und Vertiefen, die Erweiterung des Lernens durch Thematisieren und Projekte und eine Auswahl geeigneter außerschulischer Lernorte (vgl. Bildungsplan 2004, S. 56 ff.).

3.2 Einsatzmöglichkeiten des Oktaederfünflings in der Grundschule

Die zuvor dargestellten Auszüge des Bildungsplanes des Mathematikunterrichts in der Grundschule zeigen, dass der Oktaederfünfling kein direkter Gegenstand des Unterrichts ist. Deshalb muss auf seinen Einsatz jedoch nicht verzichtet werden. Dieser geometrische Körper kann auf Grund seiner spannenden Gestalt und seiner Seitenflächen zur Vertiefung des fachlichen Erwerbs an Kompetenzen im Geometrieunterricht herangezogen werden. Gerade Schüler, die im Allgemeinen nur schwer für mathematische Probleme zu begeistern sind, könnten durch die bewusste Wahrnehmung des Körpers mit einer Vielzahl von Seitenflächen, Seitenkanten und Eckpunkten angesprochen werden.

In Verbindung mit anderen einfachen Körpern des Lehrplans lässt sich der Oktaederfünfling durchaus in den höheren Jahrgangsstufen der Grundschule oder bei außerunterrichtlichen Aktivitäten einsetzen. Der Lehrer hat bei der Unterrichtsplanung mit dem Einsatz des Polyeders darauf zu achten, dass die Erfahrungen und Denkstrukturen der Schüler dieser Altersstufen noch nicht darauf ausgerichtet sind den Körper in seiner Komplexität zu erfassen. Daher bietet es sich hier an, den Polyeder neben anderen Körpern in einer Einführungsstunde für geometrische Körper in der Umwelt und in der Kunst zu entdecken. Maßgeblich für die weitere Behandlung geometrischer Körper sollen jedoch die einfachen Körper sein. Desweiteren ist das Erkennen und Nennen verschiedener einfacher Eigenschaften, wie die Anzahl der Ecken oder Kanten, auch an diesem Körper ausführbar.

Eine Konstruktion des Oktaederfünflings aus PVC-Folien halte ich in der Grundschule für undurchführbar. Erstens erfordert diese Art von Arbeit eine sehr genaue Durchführung und sehr viel Fingerspitzengefühl von den Schülern. Da dieses im Grundschulalter aber noch nicht so ausgeprägt ist, wird es für die Schüler schwierig solch eine filigrane Arbeit durchzuführen. Der zweite Punkt ist das gefährliche Arbeitsmaterial. Dies ist zum einen das scharfe Messer, welches für den Zuschnitt verwendet wird und zum anderen das giftige Lösungsmittel Tetrahydrofuran, das zum verschweißen der Flächen verwendet wird. Der dritte und letzte Punkt ist die recht lange Arbeitszeit, die dafür aufgewendet werden muss. Die Schüler können schnell ihre Lust und ihr Interesse verlieren, wenn das Projekt zu lange dauert. Andererseits hat der Lehrkörper aufgrund des vollen Lehrplanes auch nicht unbedingt die nötigen Unterrichtsstunden, um ein solch zeitintensives Unterfangen durchzuführen.

Nachfolgend werden nun einige Beispiele gezeigt, wie der Oktaederfünfling in der Grundschule zum Einsatz kommen kann. Dazu werden die Einsatzmöglichkeiten vorgestellt und welche Lernziele dabei erreicht werden können.

Einsatzmöglichkeit 1

Den Schülern wird als Hausaufgabe der Auftrag erteilt, einen oder mehrere geometrische Körper zum Unterricht mitzubringen. Hier werden dann Angaben zu ihrem Einsatz sowie ihrer Herkunft gemacht. Die Schüler erläutern in der Unterrichtsstunde, wo und wie sie die Körper entdeckt haben. Es können sowohl reale, dreidimensionale Modelle als auch Abbildungen aus Medien mitgebracht werden.

Bei diesem Auftrag ist darauf zu achten, dass den Schülern zu diesem Zeitpunkt die Bezeichnung oder der Name des Körpers generell noch nicht bekannt ist.

Sollten die Schüler den Oktaederfünfling nicht mitbringen, kann der Lehrer dem Unterrichtsgeschehen ein entsprechendes Modell hinzufügen.

Mit diesem Arbeitsauftrag können folgende Ziele von Schülern erreicht werden:

- Sensibilisierung der Schüler für den mathematischen Gehalt im Alltag
- Wahrnehmung von geometrischen Körpern im Alltag
- Entdecken von Körpern in anderen Bereichen wie Architektur, Chemie, usw.
- Ausbildung der Sprachkompetenz bei den Ausführungen zu den Körpern
- Feststellung der Vielfalt an geometrischen Körpern
- Zusammenstellung von Eigenschaften, die einen geometrischen Körper charakterisieren
- Herausstellung der Unterschiede und Gemeinsamkeiten der verschiedenen vorgestellten Körper
- Abgrenzung von Fläche und Körper

Einsatzmöglichkeit 2

Nachdem im Bereich Geometrie die Behandlung des Themas Körper: Würfel, Quader, Kegel, Zylinder, Pyramide abgeschlossen ist, bekommen die Schüler folgende Aufgabe. Sie sollen auf einem Arbeitsblatt die Eigenschaften der verschiedenen Körper bestimmen. Das Arbeitsblatt wäre dann in Tabellenform angefertigt und die einzelnen Eigenschaften müssten nur noch eingetragen werden. Die zu ermittelnden Eigenschaften für die vorgegebenen Körper sind folgende:

- Anzahl der Ecken
- Anzahl der Kanten
- Anzahl der Flächen
- Benennen der Flächen
- Anzahl der Flächen, die in einer Ecke zusammentreffen

Die verschiedenen Körpermodelle werden den Schülern als Anschauungsmaterial zur Verfügung gestellt. Als Zusatzaufgabe wird das Oktaederfünflingsmodell hinzu gestellt. Leistungsstarken Schülern ist es dadurch möglich ihr Wissen und Können gezielt einzusetzen und zu beweisen. Schaffen es Schüler diese Art von Aufgabe zu lösen, ist es möglich, dass sie in der Lage sind den Aufbau eines solch komplizierten Körpers zu durchschauen.

Mit diesem Arbeitsauftrag können folgende Ziele von Schülern erreicht werden:

- Zuordnung von Körper und Bezeichnung
- Bestimmung der Anzahl der Ecken, der Kanten und der Seitenflächen
- Bestimmung der Anzahl der Seitenflächen, die in einer Ecke zusammentreffen
- Identifizierung von Flächenformen
- Feststellen von Körpereigenschaften
- Abgrenzung von Raum und Ebene
- Festigung und Vertiefung des bisher erworbenen Wissens, der Fertigkeiten und Fähigkeiten
- Vergleich von geometrischen Körpern durch Gemeinsamkeiten und Unterschiede

Einsatzmöglichkeit 3

Am Ende der Klassenstufe 4 könnte das Thema einer Projektarbeit „Die Herstellung eines Oktaederfünflings“ lauten. Ziel dieses Projektes wäre dann die Herstellung eines Papiermodells. Damit sollen Schüler angesprochen werden, die sich für Geometrie interessieren und Spaß am basteln haben. Den Schülern wird zu Beginn ein fertig gebasteltes Modell aus PVC-Folien gezeigt. Die Teilnahme an diesem Projekt sollte auf freiwilliger Basis und im Rahmen einer Auswahl von verschiedenen Projekten erfolgen. Ausgangspunkt des Projektes sollten die im Unterricht behandelten geometrischen Körper mit ihren bis dahin bekannten Eigenschaften sein. Als erster Schritt sollte eine gemeinsame Wiederholung und Festigung des geometrischen Körpers Pyramide erfolgen. Im nächsten Schritt wird mit Hilfe von geeignetem Bildmaterial zuerst die Entstehung eines Oktaeders und anschließend die Entstehung eines Oktaederfünflings aufgezeigt (s. Abbildung 8 - 12). Die Berechnung der einzelnen Bauteile ist noch zu kompliziert für diese Altersgruppe und wird deshalb weggelassen.

Nachdem die Entstehung und die verschiedenen Formen an einem realen Modell besprochen wurden können die Schüler mit dem eigentlichen Projekt beginnen. Es werden fünf unterschiedliche Farben für den Bau verwendet. Die Farben kennzeichnen die jeweiligen Oktaeder und dienen der anschaulichen Raumvorstellung. Das Netz der einzelnen Körperspitzen wird den Schülern vorgegeben. Der Körper wird der Einfachheit halber aus Papier hergestellt. Die Schüler müssen nun die aufgedruckten Netze ausschneiden und anschließend miteinander verkleben. Als Papiervorlage könnten die Vorgaben von Pöppe verwendet werden (vgl. http://www.poeppe-online.de/7.html). Das Projekt sollte in Gruppen durchgeführt werden, denn durch die Arbeitsteilung verkürzt sich automatisch die Herstellungszeit des Körpers.

Mit diesem Projekt können folgende Ziele von Schülern erreicht werden:

- Festigung bisher erworbenen Wissens
- Identifizieren der bisher behandelten Körper
- Identifizierung durch Erkennen der Seitenflächen, Kanten und Ecken
- weitere Schulung des Raumvorstellungsvermögens durch stufenweise Darstellung der Entstehung des Oktaederfünflings
- Ausbau der Feinmotorik durch den Bau eines komplizierten Körpers nach Vorlage
- Vergleich der gebauten Körper (können auch verschieden sein)
- Stärkung der Kommunikation und Kooperation zwischen den Schülern

4 Fazit

Zu Beginn meiner wissenschaftlichen Hausarbeit stellte ich mir das Basteln des Körpers aus PVC-Folien einfacher vor, als es im Nachhinein war. Schon der Bau des Papiermodells hat sich als kniffliger herausgestellt als gedacht. Hier sind zwar schon alle Bauteile vorgefertigt, sie müssen jedoch exakt ausgeschnitten und anschließend genau aneinander geklebt werden. Das Problem dabei war das Fixieren der Bauteile mit dem Kleber. Dieser trocknet nicht so schnell wie das Tetrahydrofuran und man muss aufpassen, dass die Bauteile sich nicht verschieben. Beim Bau des PVC-Modells sind eine ruhige Hand und ein sehr exaktes Arbeiten nötig, damit der Körper anschließend beim Verbinden perfekt zusammen passt. Das Ausschneiden der einzelnen Bauteile ist eine große Herausforderung, da immer wieder exakt gearbeitet werden muss. Aufgrund von Verschnitt musste diese Arbeit einige male von mir wiederholt werden. Beim Zusammenfügen der fertigen Oktaederspitzen ist Fingerspitzengefühl und viel Geduld gefordert. Das Verschweißen der PVC-Folien mit Tetrahydrofuran dauert einige Sekunden, da das Lösungsmittel zuerst verdunsten muss, bevor es die Folien verfestigt. Während dieser Zeit müssen die Spitzen exakt zusammengehalten werden. Nichts desto trotz hat mir der Bau des Oktaederfünflings viel Spaß gemacht.

Quellen- und Literaturverzeichnis

Literatur:

Adam, Paul; Wyss, Arnold (1994). *Platonische und Archimedische Körper, ihre Sternformen und polaren Gebilde.* Stuttgart: Verlag Freies Geistesleben; Bern: Haupt.

Bildungsplan 2004 Baden-Württemberg

Bindel, Ernst (1964). *Harmonien im Reiche der Geometrie.* Prismatische, Platonische, Archimedische Körper. Stuttgart: Verlage Freies Geistesleben.

Gottwald, Prof. Dr. S.; Kästner, H.; Rudolph, Prof. Dr. H. (Hrsg.) (1995). *Meyers kleine Enzyklopädie Mathematik.*, Mannheim; Leipzig; Wien; Zürich: Meyers Lexikonverlag.

Maier, Peter H. (2003). *Körper und Raum – Die dritte Dimension:* Ein Lehrbuch der Polyedergeometrie und eine Klassifikation konvexer Polyeder. Hildesheim, Berlin: Verlag Franzbecker.

Miyazaki, Koji (1987). *Polyeder und Kosmos - Spuren einer mehrdimensionalen Welt.* Braunschweig, Wiesbaden: Friedrich Vieweg & Sohn.

Internetquellen:

Pöppe, Christoph (2003). Johnsons Polyeder. Spektrumdirekt. Artikel unter: http://www.wissenschaft-online.de/page/fe_druck?article_id=674344 (15.08.2008)

http://www.poeppe-online.de/7.html (28.07.2008)

http://www.mathe.tu-freiberg.de/~hebisch/cafe/sternkoerper.html (29.08.2008)

http://www.mathematische-basteleien.de/oktaeder.htm (15.09.2008)

http://mathworld.wolfram.com/Octahedron5-Compound.html (15.09.2008)

Bilder:

Binder, Rolf (2008). Schablone, selbst erstellte Teile des Körpers und fertigen Körper fotografiert.